Tankstellen
für
Stadtgas und Methan

Von

Oberingenieur A. Henke VDI

Hannover

Mit 16 Abbildungen

DER STAAT ist im Vorteil, dem die Erde die meisten Rohstoffe und Bodenschätze schenkt.

DAS VOLK ist das reichste, das sie zur besten wirtschaftlichen Verwendung zu bringen weiß.

München und Berlin 1936

Verlag von R. Oldenbourg

Druck von R. Oldenbourg, München.
Printed in Germany.

Vorwort.

In den vielen Monaten, in denen die Gas-Tankstelle Hannover jetzt mit zunehmendem Erfolge in Betrieb ist, sind brieflich sowohl wie durch Besucher, die zur Besichtigung kamen, so oft Anfragen an mich gelangt über die Erfahrungen und Neuerungen des Hochdruck-Gas-Antriebes für Kraftfahrzeuge, daß ich mit einer Niederschrift derselben allen denen, die die gleichen Vorteile für Kraftwagen anstreben, mit der Herausgabe dieses Buches behilflich zu sein hoffe.

Der Verfasser.

Der HAUPTSTADT HANNOVER,
die die erste deutsche Gas-Tankstelle baute, meiner
Vaterstadt, in aufrichtiger Verehrung gewidmet.

Der Verfasser.

Inhalts-Verzeichnis.

In der deutschen Kraftfahrzeugindustrie war nach dem Kriege Jahr für Jahr ein langsamer, aber steter Niedergang festzustellen. Vom ersten Tage der Machtergreifung an hat aber die Reichsregierung sowohl wie auch der Führer selbst, durch zahlreiche Maßnahmen gezeigt, daß nichts unterlassen wird, die Motorisierung Deutschlands mit allen Mitteln zu fördern und lebensfähig zu gestalten. In erster Linie durch die Befreiung neugekaufter Fahrzeuge von der Fahrzeugsteuer. Die Kraftfahrzeugindustrie sowohl als auch die Lieferanten für Fahrzeugzubehörteile haben danach einen raschen Aufschwung genommen. Ferner sorgte die Regierung für die Verbesserung der Verkehrsstraßen und ihrer Straßendecken, schmale Straßen und Kurven wurden beseitigt und die Reichsautobahnen in ihrem Ausbau besonders gefördert. Der Treibstoffverbrauch an Benzin, Benzol und Spiritus des Jahres 1933 wuchs im Jahre 1934 um 21% und wird nach den bisherigen Feststellungen im Jahre 1935 auf 90% Zuwachs geschätzt. Um diese Zunahme der vermehrten Wagenzahl anzugleichen und vor allem die Abhängigkeit vom Auslande zu verringern, wird von der Regierung die einheimische Treibstoffverwendung propagiert und durch einen 50proz. Steuernachlaß aller damit fahrenden Wagen gefördert. Für den Fortgang der Motorisierungsbestrebungen der Reichsregierung ist die Frage der Beschaffung einheimischer Treibstoffe eine der wichtigsten Fragen. Die deutsche Technik hat sich im Generatorenbau sowohl wie in der Kraftfahrzeugindustrie bemüht, die Verwendung einheimischer Treibstoffe immer mehr zu ermöglichen. Die Erfolge zur Verwendung von Kohle im Dampfkessel, Kohlenstaub im Kohlenstaubmotor sowie Schwelkoks, Braunkohlenbriketts, Holzkohle und Holz in Generatorfahrzeugen haben zum Teil zu beachtlichen und brauchbaren Neukonstruktionen geführt, so daß 1935 die deutsche Langstreckenversuchsfahrt über 16000 km von 46 Fahrzeugen mit gutem Erfolge zurückgelegt werden konnte. An flüssigen einheimischen Treibstoffen wird Rohöl, Benzol und Benzin in der deutschen Industrie gewonnen in Mengen, die bei dem steigenden Bedarf nicht genügen. An Reich- oder Flüssiggasen kommt das Propan, Butan und Ruhrgasol für die Kraftfahrzeuge Deutschlands nur an den Gewinnungsstellen in Betracht. Von den permanenten Gasen ist zunächst das Methan, das aus der Kokereigaserzeugung, der Stickstoffgewinnung und den Kläranlagen großer Städte anfällt, als ein sehr gut brauchbares einheimisches Treibgas zu nennen.

Während die beiden erstgenannten Methanarten nur an den Gewinnungsstellen zu haben sind, hat das in den Kläranlagen gewonnene Methan den Vorzug, im ganzen Deutschen Reiche verteilt, in allen den großen Städten anzufallen, die ihre Abwasser klären, den Schlamm ausfaulen und weiter verarbeiten. Solche Kläranlagen haben in Deutschland rd. 75 Städte, von denen 55 bis 60 eine ansehnliche Menge von Methangas erzeugen, so daß sich die Verwendung dieses Gases bei seinem hohen Wärmeinhalt von 8500 kcal H_o und 9500 H_n 15⁰ 760 in größeren Anlagen lohnt[1]). Man fängt jetzt an, der Verwendung dieses Gases mehr Aufmerksamkeit zu schenken; aber nur in einigen wenigen Städten wird es heute schon als Heizgas im Eigenverbrauch oder als Zusatz zum Stadtgas benutzt. In 2 oder 3 Fällen benutzt man es in den Tankanlagen und treibt Kraftfahrzeuge damit an. Das Methan der Kläranlagen kann nicht direkt so verwendet werden, wie es anfällt, seines hohen Kohlensäuregehaltes wegen, der rd. ⅓ seiner Menge ausmacht. Nach der Auswaschung der Kohlensäure dahingegen können die restlichen ⅔ der Menge des reinen Methans Verdichteranlagen zugeführt werden, die das Gas zur Speicherung in Flaschen der Lastwagen verdichten.

Das Stadtgas allein, auch Kokerei- oder Leuchtgas genannt, ist in allen Gauen Deutschlands in über 1200 Gaswerken, Kokereien und Zechen überall in fast gleicher Qualität zu haben und fällt in großen Mengen an; es ist dabei ein einheimischer Treibstoff, mit dem alle Vergasermotore ohne große Umbaukosten fahren können. Die Vorbedingung ist nur, daß genügende Mengen davon mitgenommen werden können und in druckfesten Behältern so viel aufgespeichert wird, daß größere Strecken zurückgelegt werden können. Die Unmöglichkeit des Mitnehmens von Gas war der Grund, weshalb früher Gasmotore nur ortsfest gebaut werden konnten und auf Fahrzeugen nur Petroleum-, Benzin- und Benzolmotore genommen werden konnten. Während des Krieges haben die Engländer die Frage gelöst und ihre Benzinmotore in ihren Omnibussen mit Stadtgas gefahren. Nach dem Kriege hatten Frankreich, später England Mangan-Stahlflaschen angefertigt, in die Stadtgas mit 200 atü gepreßt wird, um damit Lastwagen zu fahren. Die deutschen Stahlflaschenfabriken haben nach vielen Versuchen im Jahre 1934 ein Stahlmaterial, vergütet mit Chrom-Nickel und Molybdän herausgebracht, das den Anforderungen, die die Regierung an solche Stahlflaschen stellen muß, genügte. Nachdem die Regierung mit der Druckgasverordnung vom 10. Januar 1935 solche Stahlflaschen für den Antrieb von Kraftfahrzeugen für den öffentlichen Verkehr frei gab, war auch in Deutschland das Fahren mit Stadtgas auf Kraftfahrzeugen möglich.

---

[1]) Dr. A. Heilmann, Berlin, Zeitschrift „Gesundheits-Ingenieur" 1935, Nr. 51, S. 764.

Abb. 1.

Die Stadt Hannover hat mit dem Bau und der Projektierung einer Tankstelle für Stadtgas im November/Dezember 1934 begonnen und im April 1935 diese Tankstelle als erste Stadt Deutschlands mit 3 Lastwagen in Betrieb gesetzt. Heute fahren über 70 umgestellte Fahrzeuge mit Gas in Hannover und zum Tanken kommen täglich 30 bis 50 Kraftfahrzeuge, so daß eine zweite Tankstelle in Bau genommen werden mußte.

Monat 1935/1936	Gas verdichtet im ganzen cbm	Anzahl der Wagen
April.	738	
Mai	2 969	70
Juni	5 592	108
Juli	6 865	204
August.	9 304	272
September	9 859	291
Oktober	11 846	466
November	18 874	628
Dezember	22 115	671
Januar.	29 455	899
Februar	31 028	984
März	35 010	1108

Wenn von den 1200 Gaswerken Deutschlands nur 140 bis 150 der größten unter ihnen eine Tankstelle bauen und die Kläranlagen ihr Methan für Lastwagen zur Verfügung stellen, so können die 245 000 Lastwagen Deutschlands alle mit Gas gefahren und das Benzin gespart werden. Alle Gaswerke Deutschlands sind bei weitem nicht voll beschäftigt. Durch diesen Verbrauch an Stadtgas würde nur 5% ihrer heutigen Erzeugung mehr abgegeben. Der Besitzer eines Lastwagens aber, wenn er auch täglich nur 70 km fährt, wird am Treibstoff allein RM. 1000 jährlich sparen, wenn der Lastwagen einen Verbrauch von rd. 30 l flüssigem Treibstoffgemisch auf 100 km hat. Durch jedes Liter Benzin, das durch einheimische Kraftstoffe ersetzt wird, werden dem deutschen Vaterlande 4 Pf. an Devisen erspart.

I. Der Bau von Gas-Tankstellen.

1. Druckgasverordnung und Leichtstahlflaschen.

Die bisher in Deutschland verwendeten Stahlflaschen können mit einem Druck bis zu 150 atü gefüllt werden. Die deutschen Stahlflaschenfabriken haben in den sogenannten Leichtstahlflaschen Chrom-Nickel-Molybdänstahl verwendet, der bei einer Festigkeit von 90 bis 105 kg/mm² eine Streckgrenze von mindestens 75 kg/mm² und eine Dehnung von 14% aufweist. Diese vorzüglichen Materialeigenschaften bei einer großen Zähfestigkeit ermöglichten es der deutschen Regierung, diese Flaschen für den Antrieb von Kraftfahrzeugen zuzulassen. Die deutschen Stahlflaschenfabriken haben 9 Größen herausgebracht von 44 bis 150 l Rauminhalt. Für Lastwagen eignen sich, ihren Abmessungen und ihrem Gewichte nach, die 53-l-Flaschen am besten, wenn sie unter der Pritsche in der Schwerpunktslage des Lastwagens auf den Holmen quer zur Längsachse des Wagens gelagert werden. Für Omnibusse und Fahr-

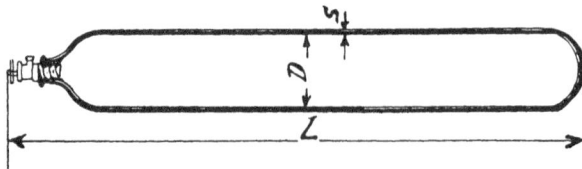

Raum-Inhalt	D	s	L	Gewicht ohne Ventil
≈ Ltr	m m	mind. mm	≈ mm	ca kg
44	204	5.2	1800	50
50	„	„	1980	56
53	232	5.85	1680	59
58	„	„	1800	67
65	„	„	2000	74
90	267	7	2100	110

Abb. 2.

zeuge besonderer Art, Straßenreinigungsmaschinen, Müllabfuhrwagen oder Spezialieferwagen muß unter den übrigen Größen eine passende Form gewählt werden. Das schließt natürlich nicht aus, daß für Sonderzwecke von den Stahlflaschenfabriken auch besondere Abmessungen angefertigt werden können; die in der Tabelle aufgeführten sind die in Serien hergestellten handelsüblichen. Abb. 2. Eine Flasche von 53 l Inhalt wiegt 58 bis 65 kg und ist dieses hohen Gewichtes wegen auf Personenwagen schlecht zu verwenden, trotzdem sind bei einigen Personenwagen je 2 Flaschen versuchsweise eingebaut. Die Flaschen, die in die Wagen fest eingebaut und mit der Rohrleitung ständig verbunden bleiben, brauchen weder eine Ventilkappe noch einen Flaschenfuß. Die Flaschen-

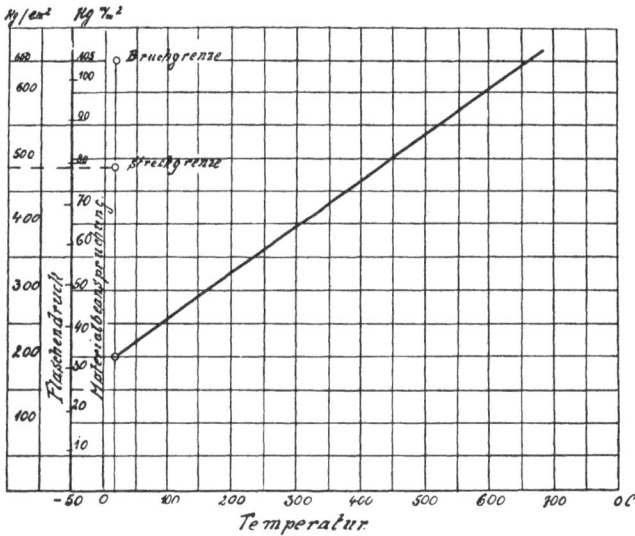

Abb. 3.

ventile sind fest eingeschraubt und mit der Flasche zusammen zu beziehen. Bei den guten Eigenschaften des Flaschenmaterials ist eine solche Flasche bedeutend sicherer, als jeder aus verzinktem Eisenblech gefertigte Benzinbehälter. Abb. 3. Versuche haben ergeben, daß mit Stadtgas von 200 atü Druck gefüllte Flaschen bei Erhitzung auch hohen Temperaturen von 400 bis 600° standhalten, ohne daß die Streckgrenze des Materials erreicht wird. Ein Zerplatzen solcher Flaschen kann also bei diesen Temperaturen nicht eintreten, wie es bei Benzinbehältern so oft bei viel geringeren Temperaturen schon beobachtet wird. Um der Befürchtung, daß das Gas mit hohem Druck beim Austreten aus Rohrleitung oder Flaschen sich durch die Reibung entzünden könnte, zu begegnen, sind mehrfach Versuche gemacht worden, Flaschen, die mit Stadtgas auf über 200 atü Druck gefüllt wurden, aus der 7-mm-Ventilöffnung heraus plötzlich zu entlasten. Abb. 3a. Auf nebenstehendem Bilde ist zu sehen, daß solche Gasmengen ohne Entzündung in wenigen Sekunden austreten und durch die Expansion eine Reifbildung an der

Abb. 3a.

Austrittsöffnung, aber keine Erwärmung oder Entzündung stattfindet. Bei einem Zusammenstoß von Kraftfahrzeugen würden also brechende Ventile oder Rohre dasselbe Ergebnis haben.

2. Wahl des Tankstellenplatzes.

Die Hauptteile einer Gas-Tankstelle sind:
    der Antriebsmotor,
    der Gasverdichter,
    die Speicherflaschen und
    der Gasmesser.

Ihr Raumbedarf wird später behandelt. Für die Wahl des Platzes für eine Tankstelle in der Stadt sind folgende Punkte ausschlaggebend:

1. Die Lage eines Hauptgasrohres größerer Abmessung,
2. Hauptverkehrsstraße — Fernverkehrsstraße — Reichsautobahn — Anfahrtsstraße,
3. Stammkunden und ihr Anfahrweg — Die Privatkunden und ihr Anfahrweg.

3. Der Antriebsmotor.

a) Zum Antrieb des Gasverdichters kann sowohl ein Diesel- oder ein Elektromotor als auch ein Gasmotor gewählt werden. Der Elektromotor muß, wenn er mit dem Gasverdichter in ein und demselben Raum aufgestellt werden soll, explosions- und schlagwettersicher ausgeführt sein. Die Schalter und Anlasser sind in einen Raum einzubauen, der vom Maschinenraum vollständig getrennt und durch eine Tür von außen zugänglich ist. Schlagwettersichere Motore sind in der Anschaffung um 25% teurer als der gewöhnliche Elektromotor. Wichtig aber ist die Drehzahl der Elektromotore, die mit der Drehzahl der Gasverdichter im allgemeinen nicht übereinstimmen. Zum Antrieb eines Gasverdichters mit einem Elektromotor ist deshalb eine Kraftübertragung erforderlich, die den Unterschied in der Drehzahl ausgleicht. Die Drehzahl der Elektromotore ist ihrer Polzahl nach festgelegt auf:

$$3000 \text{ in der Minute}$$
$$1500 \quad » \quad »$$
$$1000 \quad » \quad »$$
$$750 \quad » \quad » \quad \text{und}$$
$$600 \quad » \quad »$$

Mit der vorgenannten Abnahme der Drehzahl sinkt auch der Wirkungsgrad des Elektromotors, so daß die Drehzahl von 500, die der Drehzahl eines schnellaufenden Gasverdichters am nächsten kommt, auch die geringste Wirkung und Ausnutzung der elektrischen Energie hat. Wichtig ist aber die Feststellung, daß der Elektromotor im Dauerbetriebe teurer ist als ein Gasmotor.

b) Wenn man einen Elektromotor zum Antrieb wählt, so muß, der Drehzahl wegen, und um nicht einen langsam laufenden Elektromotor trotz seiner Unwirtschaftlichkeit nehmen zu müssen, eine Kraftübertragung vorgesehen werden.

1. Ein Riemenantrieb mit Wellenleitung muß bei einem nicht schlagwettersicheren Motor in einem besonderen Raum aufgestellt werden, weil der Flachriemen sowohl wie der Keilriemen im Gasverdichterraum nicht laufen darf, der Möglichkeit der Funkenbildung wegen.

2. Innerhalb des Maschinenraumes des Gasverdichters könnte man als Kraftübertragung ein Zahnradgetriebe wählen, oder eine in der Anschaffung bedeutend billigere Zahnkette. Die Kosten eines Zahnradgetriebes sind vier- bis fünfmal so hoch wie die Kosten einer Zahnkette, wenngleich die Zahnradgetriebe des ruhigeren Laufes wegen der Kette vorzuziehen sind.

Weil alle vorstehend genannten Kraftübertragungen 3 bis 5% der zu übertragenden Kraft gebrauchen, kann zur Verwendung dieser drei

Kraftübertragungen nur dann geraten werden, wenn es die örtlichen oder vorhandenen Anlagen erforderlich machen. Die wirtschaftlich günstigste Kraftübertragung ist die direkte feste Kupplung, oder die ausrückbare. Die richtige Verteilung der umlaufenden Massen mit den Schwungmassen des Schwungrades und das auch bei Mehrzylindermaschinen wichtige Kraftmoment der Kolbenstöße kann nur zum richtig berechneten Ausgleich miteinander gebracht werden, wenn Antriebsmaschine und Gasverdichter fest miteinander gekuppelt werden. Die häufig aufgestellte Behauptung, daß ein Gasverdichter nach dem Anlauf der Antriebsmaschine durch eine ausrückbare Kupplung langsam mit vollem Druck eingeschaltet werden muß, trifft nur beim Antrieb mit Gasmotor zu, weil ein Gasverdichter von 250 oder 500 Umläufen und höheren Verdichtungsdrücken mehrere Stufen hat, die man beim entlasteten Anlauf nacheinander in die Belastung einschalten kann. Das Anfahrmoment des Gasmotors muß für Motor und entlasteten Verdichter ausreichen.

c) Wenn als Antriebsmotor ein Gasmotor gewählt wird, so werden die Anschaffungskosten, betriebsfertig aufgestellt, vier- bis fünfmal so hoch sein wie ein Elektromotor mit seinen Schaltanlagen. Wie beim Elektromotor schon kurz erwähnt, wird er aber im Betriebe so viel billiger sein, daß die Anschaffungskosten in drei bis vier Jahren ausgeglichen sind, wenn die Maschine werktäglich läuft. Wenn genügend Raum zur Verfügung steht, ist der liegende Gasmotor bis zu 60 PS in seiner Übersichtlichkeit, leichteren Bedienung und geringerem Ölverbrauch dem stehenden vorzuziehen. Die stehende Ausführung eines Gasmotors in seiner modernen Bauart wird aber oft räumlich besser unterzubringen sein. Abb. 4 u. 5. Aus der Skizze ist der Platzbedarf für einen Gasmotor zu ersehen. Selbstverständlich müssen die Gas-

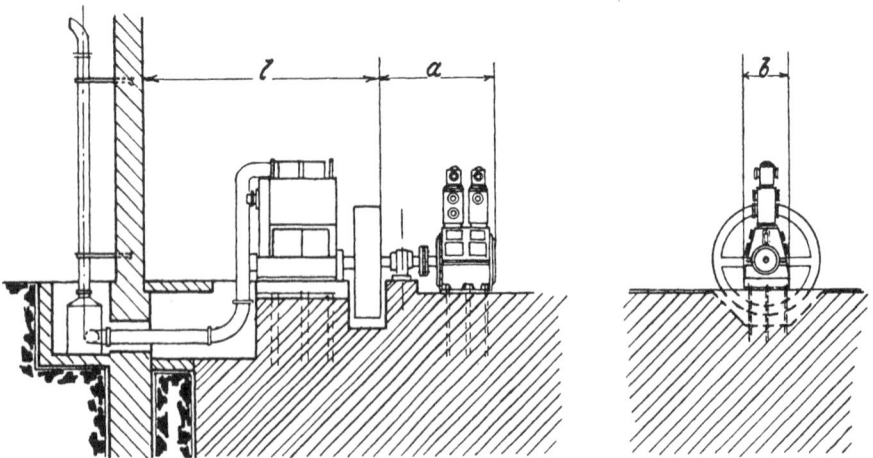

Abb. 4.

motore, die im Maschinenraum mit dem Gasverdichter zusammen laufen sollen, schlagwettersicher ausgeführt sein, was bei der heutigen Bauart in der Anschaffung keine Preiserhöhung mit sich bringt. Die Auspuffleitung bis zum Auspufftopf muß wassergekühlt sein.

Verdichter m³	60	120	180	240
Maße a: m	1,80	2,00	2,20	2,30
„ b: m	0,65	0,70	0,75	0,80
Gasmaschine	ca	ca	ca	ca
Maße l: m	3,10	3,30	3,50	3,60
„ b: m	2,00	2,00	2,00	2,00
Raumgrößen	4×6	5×7	6×8	9×11

Abb. 5.

4. Der Gasverdichter.

Um die Größe des aufzustellenden Gasverdichters ermitteln zu können, muß zunächst festgestellt werden, wieviel Lastwagen der Städtischen Straßenreinigung und des übrigen städtischen Fuhrparks als Stammkunden tägliche Abnehmer an der Gastankanlage sein werden und wie viele Privatkunden von den Einwohnern der Stadt sich zum Fahren mit Stadtgas entschließen. Mit Fragebogen sind die Angaben: Wagengröße, Treibstoffverbrauch auf 100 km und tägliche Fahrweite in km zu erfragen. Im Fernverkehr fahrende Lastwagen sind Fernverkehrskunden; sie können später mitversorgt werden, sind aber für die Größenbemessung nicht ausschlaggebend. Wenn die gesamte Zahl der Last- und Lieferwagen, je nach der Größe ihrer Treibstoffgemischmotore je 2 bis 6 Flaschen von 53 l Inhalt eingebaut bekommen, so kann man im Durchschnitt mit 4 Flaschen, zusammen 42 m³ Inhalt je Lastwagen rechnen, um die Maschinengröße zu ermitteln. Diese Maschinengröße wurde in den vorläufigen Richtlinien der Reichsgruppe Energiewirtschaft, Unterausschuß für Treibgasfragen, normalisiert und empfohlen mit

60 m³/h und 25 PS Kraftbedarf
120 » » 50 » »
180 » » 80 » »
240 » » 110 » »

Unter Verwendung von Speicherflaschen, deren Größenberechnung nachher behandelt werden soll, können bei der ersten Größe 35 bis 45 Wagen, bei der zweiten Größe 55 bis 65 Wagen und bei der dritten Größe etwa 75 bis 85 Wagen, bei der vierten Größe etwa 95 bis 105 Lastwagen mit Stadtgas täglich versorgt werden.

Der Betrieb an einer Gastankstelle wird stets ein Stoßbetrieb sein, d. h. der eine Tag gleicht in seiner Beanspruchung selten dem zweiten. Wenn eine größere Wagenzahl am ersten Tage zu einer bestimmten Stundenzeit plötzlich zum Tanken erschien, so kann am zweiten Tage zur gleichen Stunde die Tankstelle unbeschäftigt sein und der Hauptandrang ganz unerwartet, vielleicht zu einer ganz anderen Tageszeit einsetzen. Bei gutem oder Regenwetter kommen viele Wagen, bei Frost und Schnee wenige. Die Maschinenstundenleistung und der Speicherraum müssen einander in der Größe so ergänzen, daß die Maschinenleistung mit einem Teil des Speicherraumes zusammen mehrere Stunden hintereinander in der Lage ist, den Spitzenbedarf zu decken. Wenn ein Zeitraum von 4 Stunden des Höchstandranges angenommen wird und

M = Maschinenleistung in der Stunde in m^3,

W = die von den Wagen in der Stunde abgenommene m^3-Zahl
   (1 Wagen = 42 m^3),

V = Speicherraum in m^3,

P = Höchstdruck der Speicherflaschen in atü,

p = Druck von 200 atü, mit dem die Wagen abfahren,

bedeutet, so muß die Formel:

$$M + \frac{V\,(P_{-p})}{4} = W$$

die gesuchte Größe ergeben.

1. Tägliche Maschinenleistung = Abnahme aller Wagen in 16 Std.,
2. Spitzenstundenabnahme = Maschinenstundenleistung + ¼ Speicherdruckvolumen.

Bei dieser Größen-Anordnung wird die Maschine in unregelmäßigem Gang der Gas-Entnahme an einer Gas-Tankstelle in der Lage sein, in der Pause nach einer mehrstündigen Spitzenentnahme den Speicherraum aufzufüllen.

Bei dieser Überlegung wurden in Verbindung mit einer Maschinenleistung von

60 m^3 2 Zapfstelle,

120 und 180 m^3 3 Zapfstellen,

240 m^3 4 Zapfstellen

für nötig gehalten. In der Praxis hat sich gezeigt, daß an einer Zapfstelle in einer Stunde 8 bis 10 Wagen tanken können, wobei besonders darauf hingewiesen werden muß, daß bei dem hohen Druck das Einströmen des leichten Gases in die Flaschen der Wagen nur 3 bis 4 Minuten dauert, während die übrigen an der Tankstelle verbrachten Minuten durch das An- und Abschrauben des Tankschlauches in Anspruch genommen werden. Im ganzen genommen dauert das Tanken eines Wagens an einer Gas-Tankstelle nicht länger als das Tanken eines Benzinkraftfahrzeuges an einer Flüssigtreibstoff-Tankstelle.

Nachdem vom Antriebsmotor und vom Gasverdichter vorstehend gesprochen wurde, soll der Platzbedarf für diese beiden Maschinenaggregate in liegender oder in stehender Ausführung in nachstehender Skizze im Grundriß einander gegenübergestellt werden. Zur Erläuterung derselben muß darauf hingewiesen werden, daß da, wo der Platzbedarf es gestattet, die übersichtliche Anordnung einer liegenden Maschine und die leichtere Bedienung derselben vorzuziehen ist. Wenn aber eine Gastankstelle auf teurem Gelände in der Großstadt errichtet wird, was meistens der Fall sein wird, ist der stehenden Bauart des antreibenden Gasmotors sowohl als auch des Gasverdichters der Vorzug zu geben. Beim Gasverdichter muß das durch die Kompression erhitzte Gas in jeder Stufe in einem Kühler mit Wasser zurückgekühlt werden, bevor es zur nächsten Stufe geht. Bei stehenden Maschinen sowohl wie auch bei liegenden werden diese Kühler oft an den Zylindern des Gasverdichters, um Platz zu sparen, angebaut. Die Bauart hat den Nachteil, daß undichte Flanschen und Verbindungen schlecht zu erreichen sind und die Kühlerschlangen vom Wasserstein durch Verunreinigungen schlecht frei zu machen sind. Der Anordnung, das erhitzte Gas in Rohren zu einem besonders aufgestellten Kühler zu führen und in den Rohrschlangen desselben abzukühlen, ist die bessere und im Betriebe gut zu reinigende Bauart.

5. Die Speicherflaschen.

Bevor die Zahl der Speicherflaschen bestimmt wird, ist es wichtig, das Größenverhältnis zwischen Maschinenleistung und Speicherflascheninhalt festzulegen. Es können bei Tankstellen 2 Grenzfälle der Größenverhältnisse zwischen Maschinenleistung und Speicherinhalt angenommen werden, und ein Eventualfall.

1. Kann die Maschinenleistung so groß gewählt werden, daß die Maschine jeden Wagen, gleichviel wieviel Flaschen er führt, in wenigen Minuten mit Stadtgas auf 200 atü füllen, ohne daß Speicherflaschen vorhanden sind. Das würde eine ungeheure große Maschinenleistung sein, die nur in der kurzen Zeit von wenigen Minuten beschäftigt wird und nachher eine lange Zeit stilliegt.

2. Kann die tägliche Maschinenleistung so gut berechnet sein, daß sie der Abnahme aller Wagen in 16 Stunden genügt und doch die Spitzenstundenabnahme dabei gleich ist der Maschinenstundenleistung mit einem Teil des Speicherdruckvolumens.

Im Eventualfall: Können mehrere Speicherflaschen an örtlich getrennt liegenden Tankstellen, die nur aus Speicherflaschen ohne Maschinenaggregat bestehen, einen gemeinsamen fahrbaren Verdichter haben. Hierüber soll in einem späteren Abschnitt besonders gesprochen werden.

a) Zunächst gilt es, die gemeinsame Druckhöhe des Gasverdichters und des Speicherbehälters zu wählen, da die Höhe desselben und der dafür erforderliche Kraftbedarf für den täglichen Betrieb und die wirtschaftlichen Kosten das wichtigste ist. Die unterste Grenze der Druckhöhe ist mit 200 atü für die Abgabe von Gas an die Lastkraftwagen gegeben, bis zu der hin die Flaschen aufgefüllt werden müssen. Die Zahl der Speicherflaschen und ihr Speichervolumen muß dem Spitzentagesbedarf der Tankstelle genügen. Die Druckhöhe der Speicherflaschen darf aber nicht zu hoch gewählt werden, weil der Kraftbedarf mit zunehmender Druckhöhe stark ansteigt. Abb. 6. Es ist deshalb ratsam, mit der Maschine und den Flaschen nicht über 300 atü hinauszugehen, dafür aber, wenn größere Mengen erforderlich sind, durch Aufstellen einer größeren Anzahl von Speicherflaschen sich die Möglichkeit des guten Vorrats billiger zu beschaffen. Die Speicherflaschen und die Maschinen für 300 atü sind

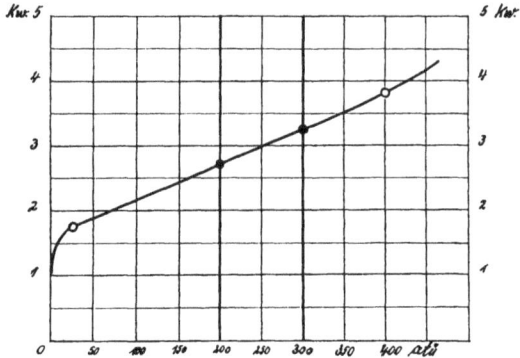

Abb. 6.

nicht nur billiger als die für 350 oder gar 400 atü, vor allem kosten die Flaschen aber wenig Wartung und Instandhaltung, nur alle 3 Jahre Revision und geringe Kapitaldienstkosten. Zu große Druckhöhe aber bringt großen Kraftbedarf täglich und damit hohe Betriebskosten mit sich. 1000 cbm auf 350 atü verdichtet, erfordern 25 kw mehr, als dieselbe Menge auf 300 atü verdichtet. Bei der Entspannung bringt außerdem die große Druckhöhe bei schneller Entspannung leicht Eisbildung, wenn Feuchtigkeit im Gase vorhanden ist.

b) Für die Größe der Speicherflaschen wird die von 1000 l Inhalt, der bequemen Berechnungsform wegen, für die günstigste gehalten, die bei 8 m Länge und 0,47 m ⌀. eine günstige Wandstärke und dadurch das geringste Gewicht hat. Zur Ermittlung der erforderlichen Anzahl solcher Flaschen kann die auf Seite 16 festgelegte Formel benutzt und das darin genannte Volumen V die m³-Zahl darstellen, die für die Maschinenleistung zur Deckung der Spitzenleistungen einer Anlage nötig ist.

Bei	60 cbm Maschinenleistung		3 Flaschen je 1 cbm	=	300 cbm	
»	120 »	»	6 »	=	600 »	nutzbarer Vorrat bei 300 atü
»	180 »	»	9 »	=	800 »	
»	240 »	»	12 »	=	1 000 »	

Die Speicherflaschen sind am besten als Durchgangsbehälter ge-
schaltet, in dem das Gas unten hineingedrückt und oben abgehend zur
Zapfstelle geführt wird. Bei der vorstehend genannten Zahl ist es ratsam
$^2/_3$ der Speicherflaschen für die größte Menge des Stadtgases mit
Druck bis 150 atü zum Vorfüllen der Flaschen unter den Wagen
zu schalten, während

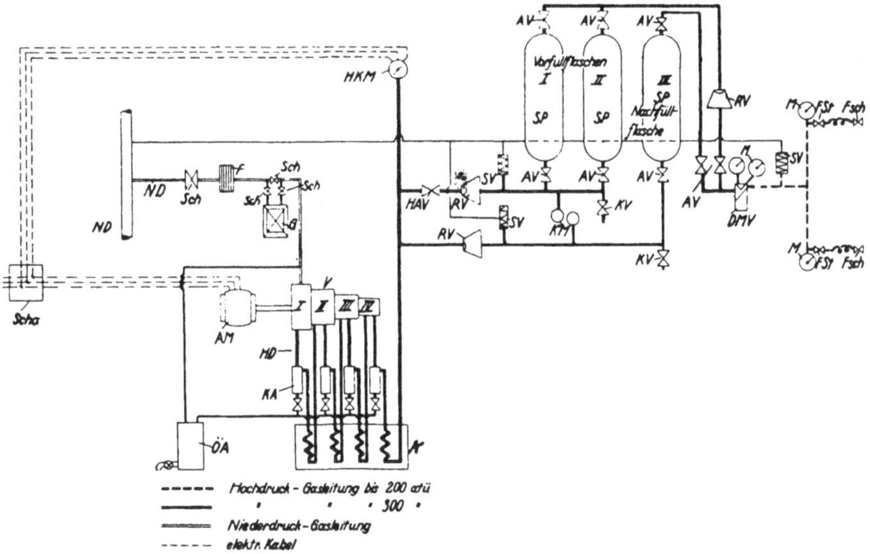

Abb. 7.

$^1/_3$ der Speicherflaschen so zu schalten ist, daß sie zum Nachfüllen
der Wagen auf 200 atü mit hohem Druck von 300 atü benutzt
werden können. Abb. 7.

Die Maschine wird bei Vorschaltung eines Rückschlagventiles im
Druckrohr der Vorfüll- oder der Nachfüll-Speicherflasche zunächst die
Behälter mit dem niedrigsten Druck aufspeisen bis alle Speicherflaschen
den gleichen Druck haben. Soll danach eine der Speicherflaschen-Arten
zunächst allein voll gedrückt werden, so muß der Maschinist die anderen Flaschen abschalten. Abb. 8.

c) Bei der Berechnung der in den Speicherflaschen bei 200 oder
300 atü aufgespeicherten Gasmengen ist es nötig zu beachten, daß diese
Gasmengen nicht gleich denjenigen sind, die in der Ansaugeleitung der

2*

Maschine durch den Volumengasmesser oder Drehkolbengasmesser bei 15⁰ 760 mm gemessen sind. Beim Verdichten behalten die verschiedenen Gase bei gleicher Temperatur nicht ihr Volumen in gleicher Weise. Je nach der Höhe des Druckes nehmen sie bei ein- und derselben Temperatur ein Volumen an, das bald unter bald über dem ursprünglichen liegt. Wenn P der Druck und V das Volumen bedeutet, ist also $P \times V$ nicht bei allen Drücken gleich 1, sondern bei den verschiedenen Gasarten bald größer bald kleiner als 1. Das Stadtgas und Kokereigas besteht aus 7 Einzelgasen, von denen das Wasserstoffgas, das Methan, Kohlenoxyd und Stickstoff die Hauptbestandteile dar-

Abb. 8.

stellen, während Kohlensäure, schwere Kohlenwasserstoffe und Sauerstoff in kleineren Mengen enthalten sind.

Abb. 9. Auf nachfolgendem Kurvenblatt ist das Verhalten der einzelnen Gase bei steigendem Druck und gleichbleibender Temperatur dargestellt, woraus zu ersehen ist, daß die Tendenz der Kurven jedes einzelnen Gases vorherrscht nach oben, d. h. über die Linie 1 hinauszugehen. Auch wenn zunächst ein Unterschreiten stattfindet, steigen sie bei höherem Druck wieder über 1 hinaus an[1]). Bei den verschiedenen Gasen, aus denen das Stadtgas besteht, liegt die gemeinsame Volumenvermehrung bei 200 atü bei 1,0977, d. h. praktisch bei 1,1 — bei 300 atü bei 1,2 und

---

[1]) Nach L a n d o l d , Börnstein über die Kompressibilität der Gase.

bei 350 atü bei 1,25. Dieser Volumenvermehrung wird bei der Abgabe von Gas in Flaschen unter dem Wagen dadurch Rechnung getragen, daß eine entsprechende Druckerhöhung der Flaschen vorgenommen wird, ohne sie zu berechnen. Unter Berücksichtigung dieses Umrechnungsfaktors gilt für die Verrechnung des Stadtgases in Flaschen die Formel $P \times V = 1$, weil das Volumen der Flaschen, vom Dampfkessel-Überwachungsverein festgestellt, und der Druck mit dem Kontrollmanometer gemessen, den Inhalt $= 1$ geben. Im Handel ist es üblich, Sauerstoff,

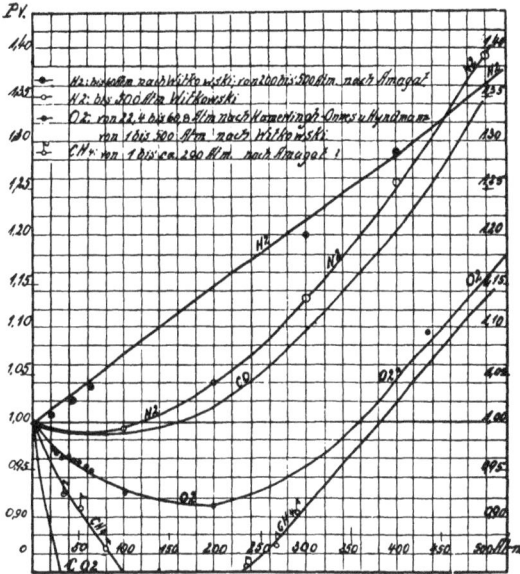

Abb. 9.

Kohlensäure und Azetylen bei einem Druck von 150 atü in Flaschen in dieser Form $P \times V = 1$ zu verkaufen.

d) Im Korrosionsausschuß wird die Beeinflussung des Eisens durch Gase unter hohem Druck, vor allem durch Kohlenoxyd einer eingehenden Prüfung unterzogen, die zur Zeit noch nicht abgeschlossen ist. In der Praxis wird diese Untersuchung, bei den vielen heutigen Stahllegierungen längere Zeit erfordern.

Azetylen ist im Stadtgase nur in wenigen Zehnteln eines Volumenprozentes enthalten, so daß eine Bildung von Azetylenkupfer nach Ansicht von Gasfachleuten und Chemikern nicht zu befürchten ist.

Zur Feststellung, ob das Methan unter dem hohen Druck zerfällt in Kohlenstoff und Wasserstoff und damit eine Volumenvermehrung stattfindet, wurden mehrfach Untersuchungen ausgeführt, die eine Änderung der Gaszusammensetzung vor und nach der Verdichtung auf 300 atü nicht ergab. Ebenso konnte eine Änderung im Heizwert des Gases nicht festgestellt werden vor und nach dem Verdichten, wenngleich Kohlensäure und Benzolöle im Wasser der Abscheideflaschen in jeder Stufe in geringen Mengen zu finden sind, zusammen mit dem Öl, das zur Schmierung der Maschine benutzt wurde.

6. Der Gasmesser.

Als Gasmesser für eine Tankanlage kann ein Ölgasmesser, ein Hochleistungsgasmesser, am besten aber ein Drehkolbengasmesser genommen werden. Je nach der Größe und vor allem nach der Drehzahl der Maschine kommt die angesaugte Gassäule in Vibration und diesen kurzen kleinen Stößen müssen die Gasmesser gewachsen sein mit ihren Schiebern und feinmechanischen Teilen. Die Größe eines Öl- oder Hochleistungsgasmessers muß so gewählt werden, daß sie mit mindestens 50% über der Maschinenstundenleistung des Gasverdichters liegt. Dabei ist zu beachten, daß die Drehkolbengasmesser am besten arbeiten und eine Fehlergrenze von ganz geringer Höhe haben, wenn sie nahezu voll und stets gleichmäßig belastet sind. Die Drehkolbengasmesser werden in ihrer Stundenleistung deshalb am besten gleich derjenigen der Leistung des Gasverdichters ohne 50% Erhöhung genommen. Solange die Gastankstelle nur täglich 10, höchstens 16 Stunden und keine 24 Stunden arbeitet, ist von der Aufstellung eines zweiten Gasmessers abzuraten. Der Druckverlust in einem Drehkolbengasmesser liegt etwas höher als bei einem Hochleistungs-Trockengasmesser. Im ganzen ist aber trotz der genannten Nachteile der Sicherheit wegen einem Drehkolbengasmesser der Vorzug zu geben.

7. Der Ausgleichsbehälter.

Hinter dem Hauptabsperrschieber, der das Rohrnetz von der ganzen Maschinenanlage der Tankstelle trennt, und an dem die Saugeleitung für den Gasverdichter beginnt, muß ein Ausgleichsbehälter eingeschaltet werden, wenn die Maschinensaugeleistung des Verdichters in der Stunde groß ist, die Hauptgasrohrleitung in der Straße aber einen geringen Querschnitt hat. Diese Maßnahme ist erforderlich, um die Anlieger und Abnehmer aus dem Stadtrohrnetz durch die Tankanlage nicht zu beeinträchtigen in der Entnahme von Gas. Dieser Ausgleichsbehälter kann gebildet werden, indem ein Rohr größeren Durchmessers in die Zuführungsleitung eingebaut wird. Wenn z. B. eine Maschinen-Stundenleistung von 120 m³/Std. vom Verdichter angesaugt wird, und nur 200 mm Hauptgasrohr vorhanden ist, genügt ein kurzes Rohr von 500 mm l. W. und 2½ bis 3 m Länge als Ausgleichsbehälter hinter dem Hauptschieber in waagerechter Lage bis zu den Fundamenten des Gebäudes der Gastankstelle so zu lagern, daß Kondensate nach dem Straßenrohr zurückfließen zum nächsten Wassertopf. Ein Ausgleichsbehälter vorgenannter Bauart braucht dann nicht verwendet zu werden, die Saugeleitung kann vielmehr direkt vom Hauptschieber über Filter und Drehkolbengasmesser zum Gasverdichter geführt werden, wenn im Straßenrohrnetz der Rohrquerschnitt größer ist als 300 oder 400 mm l. W. Innerhalb des Gebäudes der Gastankstelle würde in der Saugeleitung vor dem Drehkolbengasmesser ein Filter einzubauen sein, das die Aufgabe hat, Roststaub oder feste Stoffe aus dem Gasrohr vom Drehkolbengasmesser und Gasverdichter abzuhalten und aufzufangen. Es genügt hierfür ein altes Schiebergehäuse, in das statt des Schiebersteines ein zwischen Drahtgeweben gelagertes Filtermaterial eingelegt und von Zeit zu Zeit ausgewechselt und gereinigt wird.

8. Zubehörteile.

Die Niederdrucksaugeleitung zwischen Straßenrohrnetz und Gasverdichter kann in der im Gasfach üblichen Form verlegt und ausgeführt werden. Die Hochdruckrohrleitungen, sowohl diejenigen zwischen Gasverdichter und den Speicherflaschen, und von dort zum Druckverminderer, wie auch die Leitung von 200 atü Druck vom Druckverminderer zu den Zapfstellen, sind in nahtlos gezogenen Präzisions-Stahlrohren von 6 mm, 9 mm oder 14 mm l. W. bei 5 bis 6 mm Wandstärke zu verlegen[1]). Die Verschraubungen werden nur da angewendet, wo es baulich erforderlich ist. Die Verbindung der nahtlosen Rohre untereinander wird am besten durch Schweißen in der Werkstelle hergestellt und jede einzelne Länge bis zur nächsten Verschraubung in der Werkstelle abgedrückt auf einen Druck, der den Betriebsdruck um 50% übersteigt. In den Verschraubungen hat sich nach der Verwendung von Blei- sowohl als auch Kupferdichtungsringen die erste Qualität des Fibermaterials als Dichtungsringe am besten bewährt, die in vertiefter Fläche liegend von einem Bunde gehalten werden.

Als Absperrvorrichtungen haben sich am besten bewährt, Ventile aus Hartmessing, Stahlguß oder Schmiedestahl, die als Dichtungsmaterial an den Stopfbüchsen wiederum Fibermaterial oder Stahlkegeldichtung haben. Auch die Rückschlagventile, aus Schmiedestahl hergestellt, haben sich gut bewährt.

An Meß- und Kontrollinstrumenten ist zunächst das Hochdruck-Kontaktmanometer zu erwähnen, das durch elektrischen Kontakt mit einer Schaltvorrichtung im Zuführungskabel zum Elektromotor oder zum Zündkabel des Gasmotors den Antriebsmotor abstellt, sobald der Höchstdruck der Anlage, für den sie gebaut ist, erreicht worden ist (s. Abb. 7). Für die behördliche Prüfung sowohl wie an der Verkaufsstelle, der Zapfstelle ist ein besonderes Kontrollmanometer einzubauen und für die behördliche Abnahme ein Kontrollmanometerstutzen für die Messung mit dem behördlichen Kontrollmanometer vorzusehen. In bei-

---

[1]) Nach den Industrie-Normen des Deutschen Normen-Ausschusses, Berlin.

den Leitungen sind an gut sichtbaren und leicht zugänglichen Stellen mehrere Druckmanometer für die Bedienung in gewöhnlicher Ausführung anzubringen. Alle Manometer müssen nach der Vornorm des deutschen Normenausschusses mit Zellonscheibe statt Glas und mit einer leicht verschlossenen Explosions-Öffnung in der Rückseite des Gehäuses versehen sein. Es ist selbstverständlich, daß alle Manometer übereinstimmend und genau anzeigen müssen und bei ungenügenden oder abweichenden Angaben durch genau zeigende ersetzt werden müssen. In beiden Leitungen in der Hochdruckstufe sowohl wie in der von 200 atü sind je 1 Sicherheitsventil einzubauen, die beim Abblasen das Gas nicht in den Maschinenraum, sondern mit einer Niederdruckleitung wieder in die Saugeleitung des Gasverdichters zurückführen. Das Druckminderventil muß den Druck der Hochdruckstufe mit Sicherheit auf 200 atü vermindern und muß so gebaut sein, daß niemals ein Druck über 200 atü in die Hochdruckleitung, die zur Zapfstelle führt, hineintreten kann. Über die Zapfstellen oder Tanksäule ist dann zu sagen, daß zunächst ein Manometer, ein Absperrventil, ein Schnellschlußventil und ein Tankschlauch von 3 bis 5 m Länge eingebaut sein muß. An Tankschläuchen haben sich sowohl Gummi- als auch Kupferspiralschläuche mit Stahldrahtumspinnung, wie auch Weichkupferrohre von 7 ½ mm l. W. für 300 atü gut bewährt. Um die Wagen zunächst mit einem Teil der Speicherflaschen vorfüllen zu können, und mit den unter höherem Druck stehenden anderen Teil der Speicherflaschen nachzufüllen, ist es nötig, zwei Leitungen zur Tanksäule zu führen mit je einem Absperrventil oder beide Ventile in einem Verteilerkopf zusammen zu legen. Die in jeder der Stufen eines Gasverdichters gesetzlich vorgeschriebenen Manometer und Sicherheitsventile sind im Betriebe sorgfältig in bezug auf gute Wirksamkeit und Dichtigkeit zu überwachen, weil sonst das durch die Sicherheitsventile hindurchtretende Gas zur Saugeleitung der Maschine zurück und im Kreislauf läuft. Der Abschluß dieser Sicherheitsventile ist deshalb in Verbindung mit dem Manometer, das in jeder Stufe sitzt, ständig vom Maschinisten gut zu beobachten.

9. Fahrbare Tankstelle.

Wenn man dem auf Seite 17 angedeuteten Gedanken der Errichtung mehrerer Tankstellen ohne Maschinenaggregate in einer Großstadt nachgehen will, so muß die Berechnung der Größe des Gasverdichters für eine fahrbare Gasverdichtermaschine genau geprüft werden, denn hier ist die Größe das Wichtigste, weil sie mehrere Speicherflaschen-Behälterstationen an einem Tage auffüllen soll. Die Stundenansaugeleistung einer solchen Maschine darf deshalb nicht zu klein gewählt werden. Dazu kommt die Fahrzeit von einer Station zur anderen und die Arbeitszeit, die nötig ist, um die fahrbare Maschinenanlage mit der örtlich festen Sauge- und Druckgasleitung und der Wasserleitung zu verbinden.

Eine solche fahrbare Anlage müßte aus einem Gasverdichter von 180 oder besser von 240 m³ Stundenleistung bestehen und, um Gewicht zu sparen, von der Antriebsmaschine des Lastwagens, auf dem sie steht, angetrieben werden. Wenngleich auf Ausstellungen Wagen dieser Art gezeigt worden sind, so wird nach obigen Ausführungen die praktische Verwendung derselben wenig Erfolg versprechen. Eine solche Maschine würde einen besonders starken Lastkraftwagen mit kräftigem Wagenunterbau und guter Federung erforderlich machen und die Antriebsmaschine müßte außergewöhnlich stark gebaut sein, da sie als Fahrmaschine und Verdichterantriebsmaschine täglich fast ununterbrochen tätig ist. Ein Drehkolbengasmesser würde nicht auf dem Wagen, sondern an jeder Behälterstation aufgestellt werden.

Ein solcher Wagen würde bei 16 stündiger Arbeitszeit 4, höchstens 5 Speicherflaschenstationen auffüllen und an jeder 2 Stunden komprimieren können, während die übrige Zeit als Fahr- und Vorbereitungszeit verloren geht. Im Bestfalle würden 1800 m³ oder 2400 m³ je nach Leistung der gedachten Maschine aufgespeichert werden können, was in 2 Schichten von 2 Leuten ausgeführt werden müßte. Ein solcher fahrbarer Gasverdichter mit Fahrzeug wird je nach seiner Größenausführung RM. 27000,— bis RM. 37000,— kosten und 12 bis 14000 kg wiegen. Das Schwerwiegende aber, in betrieblicher Hinsicht, ist, daß 4 bis 5 Speicherflaschenstationen durch das fahrbare Verdichteraggregat von einer Betriebsstörung des Verdichters nicht allein, sondern auch des Kraftfahrzeuges und seinen Zufälligkeiten im Verkehr der Großstadt abhängig werden und diese Abhängigkeit ist der Grund zur Entscheidung, daß man lieber 5 Speicherflaschenbehälterstationen mit kleinen ortsfesten Verdichteraggregaten aufstellen soll, die voneinander unabhängig jede für sich stets betriebsbereit sind, als diese Abhängigkeit von einer einzigen kombinierten, schweren und teuren Maschine. Hat eine der 5 Tankstellenstationen mit je 1 Verdichteraggregat Störungen, so können die Kunden von der nächsten Gastankstelle bedient werden; bei einer fahrbaren Anlage müssen sie aber so lange Benzin fahren, bis die Störung, vielleicht nach vielen Wochen erst, beseitigt ist.

II. Herrichtung von Wagen mit Vergasermotoren zum Antrieb mit Methan oder Stadtgas und ihr Betrieb mit Benzin oder Gas.

Als im ersten Teil des Buches von den Leichtstahlflaschen, die mit der Druckgasverordnung für Kraftfahrzeuge zugelassen sind, gesprochen wurde, wurde die Flasche von 53 l Inhalt ihrer Länge, ihrem Durchmesser und Gewicht nach als diejenige bezeichnet, die sich am besten zum Einbau in die Lastwagen eignet.

1. Die Flaschen werden am besten quer zur Längsachse des Wagens auf die Holme des Fahrgestells in der Nähe der Schwerpunktslage des Wagens mit Bügeln fest verschraubt, so daß die Ventile an der Seite des Wagens gut zu bedienen sind und über den Wagenkasten nicht hinausragen. Spezialwagen sind besonders zu behandeln bei Ein-

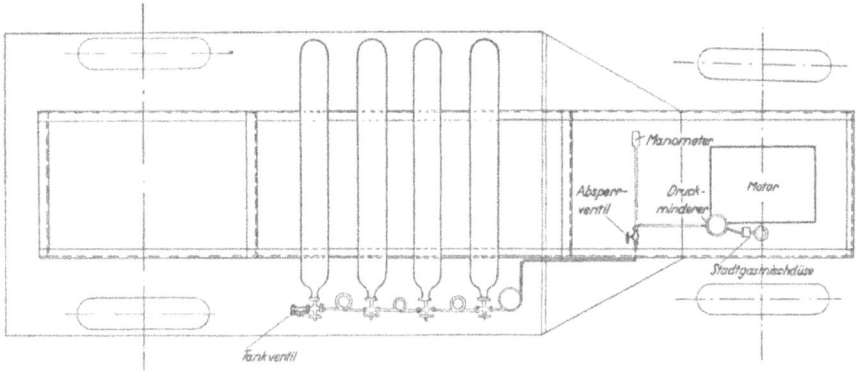

Abb. 10.

lagerung der Flaschen. Die einzelnen Ventile der Flaschen haben T-Form und können durch ein nahtlos gezogenes Rohr von 4/8 mm l. W. verbunden werden, wobei der Federung wegen eine Federschleife zwischen zwei Flaschen gebogen werden muß. Mit dem Ventil der hintersten Flasche ist das Tankventil verschraubt, durch das gleichzeitig alle

Abb. 11.

Flaschen, die unter einem Wagen liegen, aufgespeist werden können. Die vordere Flasche erhält den Anschluß an die Rohrleitung zur Maschine und zum Fahrerraum. Beim Fahren sowohl wie beim Tanken bleiben alle Flaschenventile geöffnet. Ein wiederholtes Auf- und Zuschrauben ist nicht zu empfehlen, weil bei dem hohen Druck auch geringe Gasverluste durch Hin- und Herschrauben der Spindeln vermieden werden müssen. Vor allem ist hier aber zu erwähnen, daß die Flaschen immer unter den Wagen liegen bleiben müssen. Ein Ein- und Ausbauen würde nur zu Undichtigkeiten in den Verbindungen führen und das Tanken sehr langwierig machen. Es ist ein großer Vorteil gegenüber den Kraftwagen, die mit Flüssiggasflaschen fahren, deren Flaschen bekanntlich bei jedem Tanken gewechselt werden müssen. (Abb. 10 u. 11.)

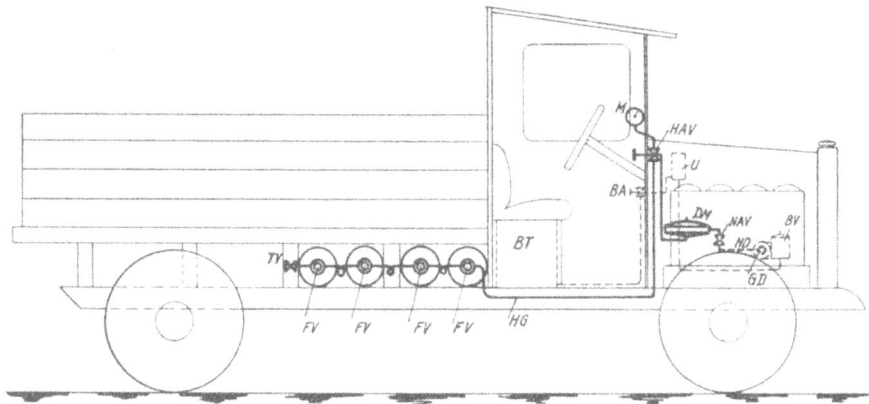

Abb. 12.

2. Von den Flaschen wird das Gas in nahtlos gezogenem Stahlrohr 4/8 mm, das an festen Teilen des Wagens, am besten an den Holmen des Fahrgestells, gut befestigt ist, unter dem Fahrerraum hindurch unter die Kühlerhaube geführt. Ein Absperrventil und ein Manometer sind hier so angebracht, daß das Handrad des Absperrventils und das Manometer selbst im Fahrerraum sitzen und die Leitung vom Ventil zur Maschine außerhalb des Fahrerraums liegt. Die gesamte Leitung wird in nahtlos gezogenem Präzisions-Stahlrohr bis zum Druckverminderer geführt und vor der Inbetriebnahme unter Druck mit Seifenwasser auf Dichtigkeit mehrmals untersucht.

Abb. 12. 3. Das Druckminderventil kann unter der Kühlerhaube in waagerechter oder in senkrechter Stellung eingebaut werden und hat sich in der von den Hessenwerken, Kassel-Bettenhausen, eingeführten Form bei der Hochdruck- und Niederdruckstufe in einem Gehäuse vereint sind, im Betriebe am besten bewährt. Die Hochdruckstufe vermindert den Druck der Flaschen von 200 atü bis auf 2 bis 3 atü, die

Niederdruckstufe von 2 bis 3 atü auf 50 bis 100 mm WS Unterdruck, der von allen Vergasermotoren benötigt wird. Der Vorzug des vorgenannten Druckverminderventiles und seiner beiden Stufen ist vor allem, daß die Membrane beider Stufen mit einer Feder in einer Messingkapselmutter in ihrer Höhe leicht eingestellt werden können und in der Werkstelle sowohl wie bei den Versuchs- und Probefahrten auf den besten Gasbedarf der Maschinentype so eingestellt werden können, wie es bei Einregulierung der Maschine auf Höchstleistung nötig erscheint. Eine durch den Monteur einmal eingestellte Stellung der beiden Stufen des Druckverminderers bleibt dann nach der Probefahrt festgestellt stehen. Der Fahrer kann an diesen Stellvorrichtungen nichts ändern.

4. Die Verbindung zwischen dem Druckverminderer und der Gasdüse wird am besten durch einen Kupferspiralschlauch mit Stahldraht-

	Benzin	Butan	Propan	Ruhr-gasol	Methan	Koksofen gas	Holz gas
Hu Kal/m^3	7500	29000	22000	18000	8500	4100	1100
Hu $Gasluft-gemisch$	830÷900	910	880	900	840	820	570
Luftbedarf m^3/m^3 Gas	11 bis 12,5	31	24	19	11	4 bis 5,5	0,9

Abb. 13.

umspinnung hergestellt, wobei darauf zu achten ist, daß diese Schlauchverbindung, die Gas im Unterdruck führt, unbedingt dicht sein muß und durch kleine Undichtigkeiten auf keinen Fall Luft eintreten darf. Es ist mehrfach vorgekommen, daß hier der Fehler der ungenügenden Leistung einer auf Gasantrieb umgestellten Maschine oder das Knallen und Rückschlagen von Explosionen in den Auspufftopf ihre Ursachen hatten.

5. Um die Erklärung für die Bedeutung des Gasluftgemisches beim Antrieb einer Maschine zu geben, wird in nachfolgender Tabelle der Heizwert, der Luftbedarf und der Heizwert des Gasluftgemisches sieben verschiedener Treibstoffe für Kraftfahrzeuge aufgeführt. Abb. 13.

6. Um den Vergleich der Zahlen für den unteren Heizwert zu erleichtern, sind sie gegenüber den theoretisch genauen Werten abgerundet. Die Zusammenstellung soll in Spalte II an die physikalischen Gesetze aller Verbrennungsvorgänge erinnern, daß nämlich heizwertarme sowohl wie heizwertreiche Stoffe bei ihrer normalen Verbrennung mit dem

Sauerstoff der Luft immer nur den bei allen Stoffen und Gasen fast gleichen Wärmeinhalt im Gas-Luftgemisch von 850 bis 910 Wärmeeinheiten unteren Heizwert haben. In Spalte III sind die Luftmengen in m³ aufgeführt, die zu 1 m³ Treibstoffgas zur vollkommenen Verbrennung ohne Luftüberschuß erforderlich sind. Soll eine Maschine das eine Mal mit Treibstoffgemisch, das andere Mal mit Gas ihre bestmöglichste höchste Leistung erreichen im Verbrennungsvorgang, so muß bei jeder Drehzahl und Beanspruchung genügend Treibstoff und genügend Luft miteinander gemischt zur Explosion gebracht werden und das bedingt, daß die Gasdüsen und die Luftschlitze in die hierfür erforderliche Übereinstimmung miteinander gebracht werden. Jede Maschine eines Kraftfahrzeuges fährt selten mit der Höchstbelastung für die sie berechnet und konstruiert ist. Auch im bergigen Gelände wird eine Kraftwagenmaschine meistens nur mit einem Teil ihrer Leistung beansprucht. Wichtig ist es daher, bei in Gebrauch befindlichen Wagen von ihrem bisherigen Treibstoff-Gemischverbrauch auf 100 km auszugehen, und bei neuen Maschinen den berechneten oder den auf dem Versuchsstand festgestellten zu nehmen. Die anzustellenden Betrachtungen müssen umfassen:

1. Den Treibstoff-Gemischverbrauch auf 100 km;
2. die Ansaugeleistung der Maschine, und auf diese ist abzustellen:
   a) die Gasabgabe der Niederdruckstufe des Druckverminderers,
   b) die Gasdüse am Austritt der Gasleitung und
   c) die Lufteintrittsschlitze,
   d) der Lufttrichter;
3. die Zündung;
4. Untersuchungsergebnisse der Auspuffgase;
5. der Leistungsabfall der Maschine.

Zu 2 a) muß gesagt werden, daß die Gasabgabe der Niederdruckstufe am besten beim Probelauf in der Werkstelle eingestellt wird.

Zu 2 b). Der Durchmesser der Gasdüsen liegt bei gasangetriebenen Maschinen verschiedener Größe zwischen 8 bis 13 mm l. W., was einer Fläche von 50 bis 130 mm² gleichkommt.

Diese Fläche soll mit der Buchstabenbezeichnung »g« im nachstehenden als Einheit angenommen werden.

Zu 2 c) muß auf die vorstehende Tabelle (Abb. 13) des Luftbedarfes verschiedener Treibstoffe Bezug genommen werden und die Größe der Luftschlitze beim Fahren mit Gas auf 5 g in ihrer Fläche angegeben werden, während die Luftschlitze für das Fahren mit Treibstoffgemisch auf 13 g eingestellt sein müssen. Da durch diese Verhältniszahlen klar wird, daß die Mischung Gas zu Luft für Gasantrieb viel schärfer umgrenzt ist als das für Treibstoffgemisch, muß ein Luftschieber die Schlitze für den Lufteintritt je nach der Drehzahl der Maschine öffnen und schließen, der mit dem Gestänge des Gashebels, mit dem die Drosselklappe der Maschine betätigt wird, verbunden ist (DRP. a.). Abb. 14 u. 14 a. Die gute Einstellung der Maschine mit diesen Schlitzen ist wichtig für guten Betrieb und wirtschaftliches Arbeiten. (Abb. 15.)

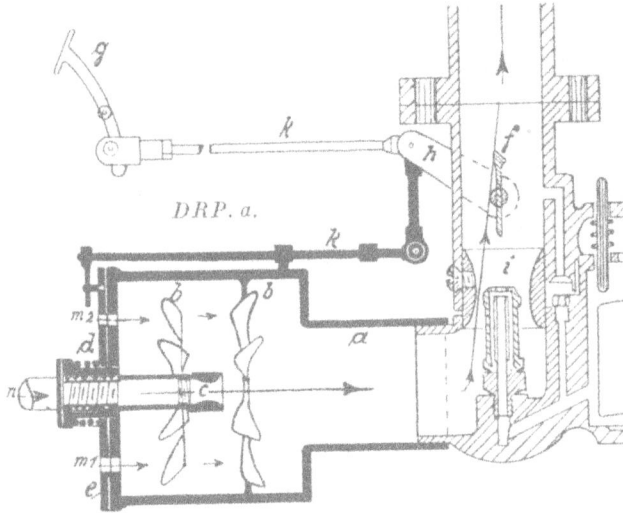

Abb. 14.

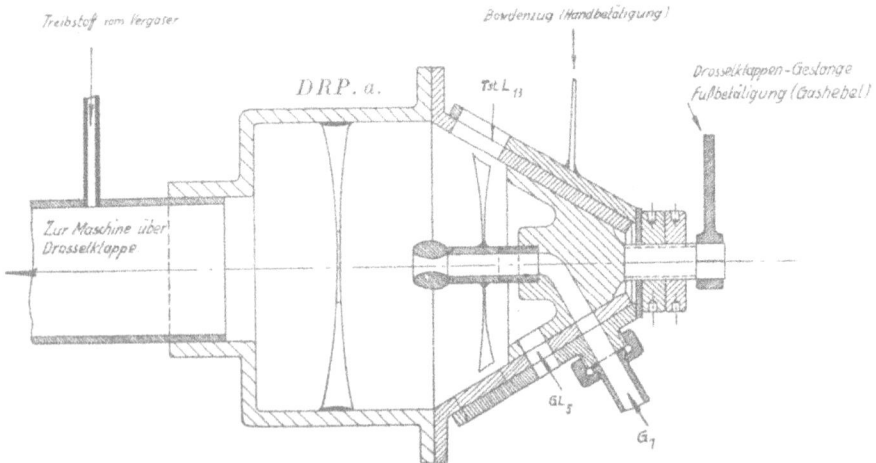

Abb. 14 a.

Zu 2 d). Der Lufttrichter der normalen auf Treibstoffgemisch eingestellten Maschinen in seiner Durchgangsfläche könnte verkleinert werden, da beim Gasantrieb, wie vorstehend ausgeführt, die Menge des Gasluftgemisches geringer ist als diese Menge bei Treibstoffgemisch-antrieb. Dadurch kann aber leicht im praktischen Betrieb die Leistung der mit Treibstoffgemisch angetriebenen Maschine vermindert werden, es ist deshalb ratsam, ihn nicht zu verkleinern.

Zu 3. Wie auf Seite 20 gezeigt, besteht Stadtgas aus sieben einzelnen Gasen, von denen vier entzündet und verbrannt werden müssen, um Arbeit zu leisten. Sie entzünden sich im Gasluftgemisch verschieden schnell, das eine früher, das andere später, je nach der herrschenden Temperatur und dem Druck und der Brenntemperatur des Gases, während der Zündvorgang im Treibstoff-Luftgemisch schneller und ein-

Abb. 15.

fach verläuft. Daraus folgt, daß der Zündvorgang beim Gasantrieb früher erfolgen muß, am besten mit 32⁰ bis 35⁰ Frühzündung.

Zu 4. Die Untersuchung der Auspuffgase ist nötig, um ein klares Bild über die Verbrennungsvorgänge in der Maschine zu bekommen und die richtige Wahl der unter 2a) bis 2d) genannten Einbauten beurteilen zu können. Sie braucht natürlich bei Maschinen gleicher Größe und gleichen Fabrikats nur einmal ausgeführt zu werden. Es wird sich aber zeigen, daß die Einstellung durchaus nicht schwierig ist. Sie ist erst dann beendet, wenn ein Kohlensäuregehalt der Verbrennungsgase von 11 bis 13 Vol.-%, ein Sauerstoffgehalt von 1 bis 2 Vol.-% und ein Kohlenoxydgehalt von $\frac{1}{2}$% oder darunter mit dem Orsat-Apparat festgestellt werden kann. Bei diesen Zahlen wird auch die Maschine ihre beste

Leistung zeigen und die am Auspuffrohr auftretende Fahne im Sommer überhaupt nicht, im Winter nur als ganz kurze Wasserdampffahne ohne jeden Geruch sichtbar sein.

Zu 5. Zum Leistungsabfall einer gasangetriebenen Kraftfahrzeug-maschine gegenüber ihrem Antrieb mit Treibstoffgemisch muß gesagt werden, daß meistens eine falsche Vorstellung über diesen Leistungs-abfall in Fachkreisen vorherrscht und vielfach davon gesprochen wird, daß die Kompression der normalen Treibstoffgemischmaschine eines Kraftwagens erhöht werden muß von 5 bis 6 auf 7 bis 8 atü. Diese For-derung ist durchaus zu verwerfen, wenn man mit ein- und derselben Maschine das eine Mal Gasantrieb und im Bedarfsfalle Treibstoffgemisch-antrieb fahren will. Nur die Konstrukteure von Fahrzeug-Maschinen sind in der Lage bei Neubauten die Kompression in den Maschinen so zu wählen, daß für Gas oder flüssigen Treibstoff der beste Wirkungs-grad der Maschinen erzielt wird. Um die Frage zu klären, wurde eine 60-PS-NAG-Maschine auf den Dauerversuchsstand gebracht und mit Treib-stoffgemisch sowohl wie mit Stadtgas, Methan und Butan unter genauer Zumessung der Treibstoffe und der gebrauchten Luft bei Vollast und Halblast abgebremst. Die so ermittelten Werte wurden einander gegen-übergestellt und bei Halblast ein Leistungsabfall von 5½ bis 5,8%, bei Vollast ein solcher von 10,8 bis 11,7 zwischen Stadtgas und Treibstoff-Dreiergemisch festgestellt.

Die Hauptpunkte, die beim Wagenumbau zu beachten sind, werden nachstehend nochmals kurz zusammengefaßt:

1. Kompression nicht verändern bei alten Wagen,
2. Saugung beachten,
3. Druckminderer, Niederdruckstufe auf Unterdruck einstellen,
4. Gasdüse nach Motorverbrauch: 1 l Treibstoffgemisch $= 1,6 \text{ m}^3$ Gasfläche $= 1 g$,
5. Luftschlitze für Gasantrieb: Fläche $= 5 g$,
6.   »   » Treibstoffgemisch: Fläche $= 13 g$,
7. Lufttrichter nicht verändern,
8. Frühzündung einstellen auf 35^0,
9. Abgase auf CO_2 prüfen.

7. Von den zur Zeit in Hannover laufenden auf Gas umgestellten 70 Lastwagen können die 35 Privatwagen nicht geprüft werden; von den 35 städtischen Wagen aber, die vielfach mit vollbelasteten Anhänger fahren, ist im praktischen Betriebe ein Leistungsabfall von keinem der Fahrer bisher gemeldet und beobachtet, wobei allerdings nicht vergessen werden darf, daß von diesen Wagen in der norddeutschen Tiefebene, in der Hannover liegt, Bergsteigungen wenig gefahren werden. In Ver-bindung mit dem auf Seite 31 zum Zündvorgang mitgeteilten, kann hier gesagt werden, daß Maschinen mit größerem Kurbelhub immer

einen geringeren Leistungsabfall haben werden als kurzhubige, hoch-
tourige Maschinen.

Zum praktischen Betriebe der vorstehend genannten Wagen soll
nicht vergessen werden zu bemerken, daß das Anspringen der Wagen
bei kaltem Wetter viel besser und schneller geht als mit Treibstoffgemisch und daß die Fahrzeuge im Großstadtbetrieb in schneller Anfahrt
den anderen Fahrzeugen der Stadt, die mit Treibstoffgemisch fahren,
im Vorteil sind. In der Maximalgeschwindigkeit, belastet sowohl wie
unbelastet, ist bei dem Wagen kein Unterschied gegenüber dem Fahren
mit Treibstoffgemisch festzustellen. Die wiederholt vorgenommenen
Besichtigungen an den Kolben, Ventilen und Zündkerzen hat eine völlig
saubere Verbrennung gezeigt. Frühere Kohle- und Ölablagerungen waren
bei längerer Fahrt mit Stadtgas mit verbrannt und die reine Metallfläche
zu sehen. Der Ölverbrauch der Maschine hat bedeutend abgenommen,
wird aber noch weiter beobachtet, in bezug auf die Verwendung verschiedener Öle.

8. Umbaukosten und Beihilfen dazu. Die Kosten des Umbaus
eines normalen Pritschenlastwagens auf Stadtgasantrieb in einer privaten
Ausbesserungswerkstelle für Kraftfahrzeuge belaufen sich auf RM. 350,—
bis 400,— ohne die Flaschen. Zum Umbau wird von den Städtischen
Betriebswerkstätten Hannover auf Wunsch eine Beihilfe von RM. 300,—
gegeben, die in Monatsratenzahlungen zurückzuzahlen ist. In die Umbaukosten sind die Flaschen nicht mit eingerechnet, die ungefähr
RM. 95.— je Stück ohne Ventilkappe und Fuß kosten. Um den Wagenbesitzern die Flaschenbeschaffung zu ersparen, die insofern umständlich
ist, als die Flaschen in mehrjährigen Perioden von der Behörde revidiert
werden müssen, ist es ratsam, die Flaschen gegen eine besondere Monats-
gebühr den Wagenbesitzern zu leihen aber nicht bei der Berechnung der
monatlich abgenommenen Gasmenge einzukalkulieren. Dem Abnehmer
größerer Monatsmengen werden billigere Preise eingeräumt, während
normalerweise das m^3 bei 0^0 760 mm gemessen und auf 200 atü verdichtet bis zu 12 Pf. abgegeben werden kann. Bei der Annahme eines
Preises für Treibstoffgemisch von 33 Pf. bedeuten die beiden einander
gegenübergestellten Preise bei jedem Lastwagen eine mindestens 25 proz.
Ersparnis, die vielfach je nach der Güte der Einstellung der Maschinen
bis zu 45% anwachsen kann.

9. Steuerersparnis. Wichtig aber ist die von der Regierung gewährte
Steuerersparnis der Wagen, die einheimischen Treibstoff fahren[1]). Wenn
der Umbau eines Lastwagens auf Gas beendet und die Probefahrt mit
gutem Ergebnis abgeschlossen ist, ist er dem Dampfkessel-Überwachungsverein vorzuführen, der die fahrtechnischen Eigenschaften der auf Gas

---

[1]) Reichsgesetzblatt Nr. 73, Teil I, vom 8. 7. 35.
     „   „ 32, Teil I, vom 26. 3. 35.

umgestellten Maschine prüft und eine Bescheinigung ausstellt. Auf Grund dieser Bescheinigung macht die Fahrabteilung der Polizei in der Zulassungsbescheinigung des Wagens den Vermerk für einheimische Treibstoffe und das Finanzamt rechnet die entsprechende Steuerersparnis aus, nicht allein für den nächsten Monat, sondern zahlt 50% zurück, wenn die Steuer für den Wagen für eine längere Zeit vor dem Umbau schon im voraus bezahlt wurde.

10. Behördliche Vorschriften. Dem Gesetz nach sind alle Gefäße, die einen höheren Druck als 1 atü aufnehmen sollen, den Vorschriften der Druckgefäße für die chemische Industrie unterworfen, deren Einhaltung im deutschen Reiche den Dampfkessel-Überwachungsvereinen zu be-

Abb. 16.

achten obliegt. Bei der Herstellung der Gefäße in den deutschen Röhrenwalzwerken und vor ihrer Inbetriebnahme in den Tankstellen muß deshalb diese Behörde zur Abnahme zugezogen werden. Für den Betrieb und die Arbeit mit solchen Druckgefäßen ist die Druckgasverordnung vom 10. 1. 1935 und die Polizeiverordnung über die ortsbeweglichen und geschlossenen Behälter für verdichtete, verflüssigte und unter Druck gelöste Gase anzuwenden. Der Betrieb einer Anlage muß vom Gewerbeaufsichtsamt, der Aufsicht führender Behörde, genehmigt sein, das nähere Vorschriften über den Bau herausgibt. Der Antrag zur Genehmigung muß in dreifacher Ausfertigung mit Zeichnung und Beschreibung eingereicht werden, wenn die Gastankstelle in einem Gaswerk errichtet wird. Die Genehmigung des Gebäudes unterliegt dem Bauamt der Stadt, in der die Tankstelle errichtet wird. Die Sperre über die Neuerrichtung von Tankstellen hat keine Gültigkeit für Tankstellen mit einheimischen Treibstoffen.

Zum Schluß kann zu vorstehendem gesagt werden:

Der Weg ist gangbar, wie es die Hauptstadt Hannover bewiesen hat!

Die ersten Schritte sind getan!

Zur Vervollkommnung und Verfeinerung ist noch viel Arbeit zu leisten.

In Deutschland sind heute 6 Gas-Tankstellen im Betrieb und 23 im Bau bezw. im Projekt fertig. Wenn sie fertiggestellt sind, können gasangetriebene Lastwagen Fernfahrten von Stadt zu Stadt durchs deutsche Vaterland machen, so, wie es die Ruhrgas A.G. Essen im Juni 1935 mit einem Stromlinien-Omnibus von Essen nach Königsberg, zur Tagung der Gas- und Wasserfachmänner, hin und zurück 2400 km, mit Gas aus der Gas-Tankstelle Hannover, gezeigt hat.

Stichwort-Verzeichnis.

Der Zündvorgang in Gasgemischen. Von Dr.-Ing. Georg
Jahn. 76 Seiten, 25 Abb., 11 Zahlentafeln. Gr.-8°. 1934. RM. 6.—.
„Die Arbeit stellt einen wertvollen Beitrag zur Aufklärung des
Zündvorganges von Gasgemischen dar. Sie bereichert nicht nur
unsere physikalischen Kenntnisse, sondern gibt auch die Grundlage
für eine einfachere Berechnung und bessere Beherrschung des Zündvorganges als es bisher möglich war." Gesundheits-Ingenieur.

Fortschritte in der Ausfaulung von Abwasserschlamm.
Eine ausführliche Anleitung zur Berechnung der technischen und
wirtschaftlichen Leistungsfähigkeit der Faulbehälter bei Verwertung
der Faulgase. Von Dr.-Ing. Max Prüß. 35 Seiten, 19 Abb., 15 Ta-
bellen. DIN-A 4. 1928. RM. 5.40. „Es wäre zu wünschen, daß
die überaus reichen Anregungen des Verfassers, deren Kenntnis für
jeden, der sich mit der Frage der Schlammfaulung beschäftigt, un-
erläßlich ist, zu weiterer fruchtbarer Arbeit Veranlassung geben."
Kleine Mitteilungen der preußischen Landesanstalt für Wasserhygiene.

Die Abwasserreinigung. Einführung zum Verständnis der Klär-
anlagen für städtische und gewerbliche Abwässer. Von Dr. Hermann
Bach. 2. Auflage. 291 Seiten, 120 Abb. 8°. 1934. RM. 9.50. In
Leinen geb. RM. 11.—.

Gasverteilung. Genormtes Stadtgas zwischen Erzeugung und Ver-
brauch. Herausgegeben von Dr. Wilh. Bertelsmann und Magi-
stratsbaurat i. R. Ernst Kobbert. Unter Mitwirkung von Dipl.-
Ing. Flothow, Dr. H. Chr. Gerdes, Dr. techn. F. Schuster. 184 Seiten,
50 Abb., 21 Zahlentafeln. Gr.-8°. 1935. In Leinen geb. RM. 9.60.

Reduktionstabelle für Heizwert u. Volumen von Gasen.
Von Obering. K. Ludwig. 3. Auflage. 16 Seiten. Lex.-8°. 1928.
RM. 1.30.

Einrichtung und Betrieb eines Gaswerkes. Von Direktor
Alwin Schäfer unter Mitarbeit von Dipl.-Ing. E. Langthaler.
4., vollständig neubearbeitete Auflage. 819 Seiten, 495 Abb.,
6 Tafeln. Gr.-8°. 1929. RM. 37.80. In Leinen geb. RM. 39.60.

Regler für Druck und Menge. Von Guido Wünsch. 215 S.,
190 Abb. 8°. 1930. RM. 9.90. In Leinen geb. RM. 11.70.

R. OLDENBOURG / MÜNCHEN 1 UND BERLIN